RÉPONSE

AU

MÉMOIRE DE M. DUMONT,

SUR L'ÉTAT ACTUEL

DE LA

QUESTION DES EAUX POTABLES,

A LYON,

ADRESSÉE

A M. LE MAIRE ET A MM. LES MEMBRES

DU CONSEIL MUNICIPAL DE LYON.

LYON.

IMPRIMERIE DE DUMOULIN, RONET ET SIBUET,
Quai Saint-Antoine, 33.

1844.

DEUXIÈME PARTIE.

Avant d'examiner le système, prétendu économique, de la fourniture d'eau du Rhône par l'emploi d'appareils mécaniques, disons quelques mots des théories de M. Dumont (car il y en a plusieurs), concernant la filtration ou l'infiltration de l'eau de rivière dans le sol.

Après en avoir développé une dans son mémoire in-8, il en a exposé une autre dans le mémoire récent in-4°; nous commençons nécessairement par la première.

« Sans doute, dit-il, les tuyaux capillaires d'une masse filtrante, parallèle aux bords d'une rivière, s'encombreront, si les eaux de cette rivière ne roulent pas avec la même inclinaison et la même vitesse que celles du Rhône, qui *entraînent presque constamment les couches superficielles de son lit* » (couches auxquelles il plaît à l'auteur de cette théorie d'attribuer 0 m. 50 c. d'épaisseur). « Dans les courants d'eau, ajoute-t-il, qui « charrient du gravier, comme la Garonne à Toulouse et le Rhône à « Lyon, la couche qui tapisse le fond du lit, *la véritable couche filtrante,* » *est sans cesse renouvelée par le déplacement continuel, le mouvement des* » *graviers et des sables....* Il est si vrai que les choses se passent ainsi, « que s'il en était autrement, une galerie filtrante serait tarie au bout d'un « très-petit nombre d'années..... *Il est donc impossible d'expliquer l'effet* « *des filtres naturels sans admettre,* comme l'indiquent la raison et l'observation journalière, *le renouvellement continuel de la première couche* » (Pages 121 et 122).

Si l'on adoptait pleinement, comme vrai, ce roulement à peu près

4

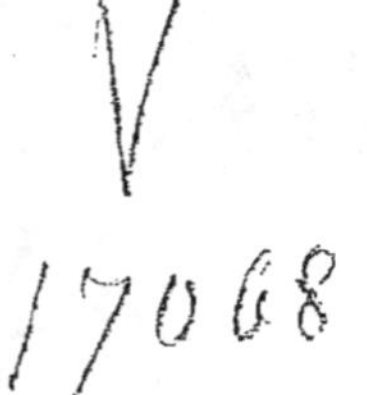

continu des éléments qui forment la couche superficielle du lit d'un fleuve, on reconnaîtrait par là même que ces éléments n'ont entre eux aucune cohésion ; et il serait impossible d'admettre que le simple passage de l'eau trouble au travers d'une couche si peu consistante de 0 m. 50 c. d'épaisseur, pût la dépouiller non seulement de la totalité, mais même de la plus faible partie de son limon. Les particules terreuses, dont la présence rend l'eau trouble, ont, en effet, chacune un si faible volume, que M. Terme, renouvelant des expériences citées par M. Arago, a constaté lui-même qu'il faut dix jours pour que *toutes* celles en suspension dans l'eau immobile ait pu descendre au fond d'un vase ; il est parfaitement clair que si elles n'étaient pas d'une extrême ténuité, les lois de la pesanteur les y entraîneraient rapidement.

La clarification de l'eau d'un fleuve par son passage au travers d'une simple couche mobile de 0 m. 50 c. d'épaisseur est donc complètement imaginaire. Les particules terreuses qui troublent l'eau, et que l'œil le plus attentif ne saurait distinguer isolément dans le liquide, ne peuvent être arrêtées qu'en traversant un terrain doué d'une certaine compacité, quoique perméable ; et voici l'alternative qu'il est impossible d'éviter : si ce terrain, stable et consistant, est très-propre à faire un bon filtre, une faible quantité d'eau le traversera lentement en se dépouillant peu à peu de toutes ses particules, dont le dépôt tendra à l'obstruer ; si, au contraire, l'eau le traverse avec beaucoup de facilité, elle arrivera dans les puisards ou galeries d'infiltration, bien plus abondante, mais bien moins clarifiée. On aura, en un mot, ou peu d'eau limpide, ou beaucoup d'eau louche.

Par réflexion, ou par irréflexion, M. Dumont a présenté dans son deuxième mémoire une autre théorie de la filtration de l'eau du Rhône et du désencombrement des couches filtrantes, laquelle se résume dans les termes suivants (page 32) :

« Lorsque les eaux de ce fleuve sont plus élevées dans son lit que dans
« les canaux souterrains des plaines, l'eau s'épanche du lit dans ces der-
« nières ; lorsque au contraire les eaux du Rhône viennent à baisser, les
« eaux arrivent des plaines dans son lit, en parcourant dans une direction
« inverse la masse de sable et de gravier qu'elles avaient déjà traversée.

« Mais ne voilà-t-il pas le filtre à courant opposé de l'ingénieur Thom ?
« Ne résulte-t-il pas de cette circonstance un lavage naturel, un nouveau
« désencombrement des masses filtrantes ? »

Dans le filtre artificiel créé et mis en usage par l'ingénieur écossais Robert Thom, on dispose d'une hauteur de charge considérable, soit d'une très-forte pression, au moyen de laquelle on fait passer dans les couches filtrantes, tantôt de haut en bas, tantôt de bas en haut, le liquide qui, dans l'une et l'autre de ces directions, est toujours poussé par la même force. Mais qu'y a-t-il de commun entre ce système et l'espèce de flux et de reflux, en sens à peu près horizontal, des eaux d'un fleuve, imaginée par M. Dumont ? Quand, par suite d'une crue, le niveau du Rhône est très-élevé dans son lit, on conçoit bien qu'il s'opère alors une pression énorme dont l'effet est de faire pénétrer de l'eau (originaire du courant) à une certaine distance dans les terrains de ses rives ; mais, quand le niveau de la masse liquide baisse dans le lit du fleuve, d'où résulterait la pression analogue qui repousserait l'eau infiltrée, avec la même force, en sens inverse de sa première direction, de manière à ramener au lit du Rhône non-seulement les molécules du liquide, mais, de plus même, les particules terreuses déposées dans les tuyaux capillaires du terrain ? On serait bien en peine de le dire. Et, en effet, quand le Rhône a repris son niveau ordinaire, est-ce que l'on voit des filets d'eau comme des fontaines s'écouler par les berges dans son lit ? Nullement. Au lieu d'y revenir par les berges, ces filets peuvent-ils y rentrer par le fond ? Nullement encore, car la masse des eaux qui pèse sur ce fond y met obstacle (1).

Voilà, quand on les examine de près, à quoi se réduisent les deux principales théories de M. Dumont. Il y en a encore une que nous ne ferons que mentionner, c'est celle des courants souterrains, parallèles au courant visible du Rhône, lesquels formeraient un deuxième fleuve, inconnu jusqu'à présent, et révélant tout-à-coup son existence par la bouche

____

(1) Il pourrait en être autrement, si les filets fluides provenaient d'un point élevé ; mais ce n'est pas ici le cas.

de M. Dumont, pour le besoin de la défense des systèmes de cet auteur de projets. Il est certain qu'on ne peut jamais être embarrassé, quand on a de telles ressources à sa disposition. Après avoir posé en faits incontestables des assertions de ce genre, l'auteur, avec toutes les apparences de la conviction et sans s'inquiéter de ce qu'on en pourra dire, en tire très-sérieusement des conclusions, exactement comme le *Médecin malgré lui* : « *Ossabandus, nequei, nequer, poterium, quipsa milus.* Voilà justement ce qui fait que votre fille est muette (1). »

Assurément on ne peut nier qu'il ne puisse y avoir quelques filets d'eau s'écoulant souterrainement dans les terrains qui bordent le Rhône, bien que la formation de ces terrains, résultant de couches lentement superposées, implique l'idée d'un parfait tassement, et se prête peu à la supposition d'espaces vides que parcourraient des filets d'eau d'une certaine importance. Mais de quelques faits isolés, s'ils existent, peut-on déduire une loi générale et en faire la base d'un projet à réaliser ? Peut-on asseoir sur des théories, faites comme à plaisir, l'établissement d'un service pu-

---

(1) Parmi les choses fort singulières qui sont énoncées dans ce mémoire, l'une des plus remarquables se trouve précisément dans le chapitre des théories dont nous venons de parler, et forme le paragraphe suivant (page 32), que nous rapportons textuellement :

« Ce fait se réalise d'autant mieux sur les fleuves à fond perméable qu'en général, comme on « le sait d'ailleurs depuis longtemps, *le lit de la plupart des rivières est plus élevé que les parties* « *voisines des plaines*, et qu'un profil général DE TOUTE LA VALLÉE est ordinairement convexe « dans son milieu. »

Comment les ruisseaux ou simplement les eaux pluviales pourraient-elles se rendre dans le lit d'une rivière, si les parties voisines des plaines latérales étaient moins élevées que le lit de la rivière? Il est clair que ces parties des plaines plus basses que la rivière formeraient partout des marais; or, ce n'est pas le cas où se trouvent les localités riveraines du Rhône. Les marais de Vaux, formés par les eaux provenant des Balmes Viennoises, sont plus élevés que le fleuve, dans lequel ils se déchargent immédiatement, et les eaux des Brotteaux ne s'écoulent pas, que nous sachions, ailleurs que dans le Rhône. Le fait que M. Dumont a eu l'incroyable idée de généraliser est particulier à l'estuaire de certains fleuves, qui, près de leur embouchure, au point où la vitesse de leurs eaux se ralentit par le contact de celles de la mer, laissent déposer les matières qu'ils entraînaient; c'est ainsi que s'est formée la Camargue, c'est ainsi qu'au débouché du Mississipi, le territoire de la Louisiane gagne tous les ans un mille environ sur la mer; mais, si la Nouvelle-Orléans est inférieure au lit de ce grand fleuve, le sol de Lyon est, Dieu merci, supérieur à celui du Rhône. — Un livre dont l'auteur appartient au corps des ponts et chaussées devrait-il contenir de pareilles choses ?

blic devant pourvoir à des besoins d'alimentation et d'industrie d'une nombreuse population (1)?

Nous ne contestons pas non plus l'existence d'une assez grande quantité d'eau dans les plaines des Brotteaux, de Villeurbanne, des Charpennes, ne fût-ce que par l'effet des lois physiques qui versent annuellement sur cette localité, comme sur tous les environs de Lyon, une couche de 0 m. 80 d'eau pluviale, dont une forte partie doit pénétrer dans le sol, en raison de la presque horizontalité de sa surface. Mais, si des puisards ou galeries y étaient établis, et que de puissantes machines aspirassent les eaux infiltrées dans ces appareils, quelles seraient les quantités qu'on obtiendrait régulièrement? Personne ne le sait. On ne peut, à ce sujet, que se livrer à des espérances, que former des conjectures.

M. Dumont, pour donner la certitude qu'on aura par son système toute l'eau nécessaire aux divers besoins lyonnais, se fonde sur deux faits qu'il cite, ce sont: 1° un puits fonctionnant 14 heures par jour dans l'atelier de M. Guinon, teinturier aux Brotteaux, et duquel nous n'avons rien à dire, sinon qu'aucune expérience officielle n'a constaté la quantité de liquide qu'on en pourrait retirer, non pendant 14 heures seulement, mais pendant 14 jours astronomiques; 2° « *un puisard à la Tête-d'Or* (nous copions littéralement page 52) *qui* FOURNIT *en* 24 *heures, sans aucune* « *diminution, plus de* 2,000,000 *de litres,* c'est-à-dire plus de la sixième « partie de la quantité d'eau *filtrée* nécessaire à la consommation lyon- « naise. » Voilà sans doute un fait remarquable, si toutes les circonstances mentionnées sont bien réelles; il ne s'agit que de les vérifier. C'est dans ce but que nous sommes allés sur les lieux pour mesurer les dimen-

---

(1) Il n'y a rien de si facile et quelquefois de si agréable à faire que des théories. Cela amuse d'abord ceux qui les font, et cela peut amuser aussi ceux à qui elles sont présentées. C'est ainsi qu'un membre de la Société d'agriculture, M. Parisel, a employé quelques instants, l'année dernière, à exposer une théorie consistant à supprimer toutes les cheminées de Lyon et à les remplacer par deux grandes cheminées, qui seraient établies l'une contre la colline de la Croix-Rousse, l'autre contre la montagne de Fourvières, et auxquelles aboutirait par des tuyaux placés sous le sol des rues, comme ceux du gaz et de l'eau, la fumée de tous les ménages et de tous les ateliers de la ville.

sions du puisard, déterminer sa position par rapport au lit du Rhône, examiner la limpidité de l'eau, etc. Eh bien, le lecteur s'attend-il à ce que nous allons lui dire? Ce puisard *qui* FOURNIT, *quotidiennement plus de* 2,000,000 *de litres d'eau filtrée, sans aucune interruption,* ce puisard N'EXISTE PAS !

A force de questions adressées aux habitants de la ferme de la Tête-d'Or, nous avons fini par apprendre qu'un puisard avait été creusé, il y a six ou sept ans, et muni d'une pompe à vapeur, aux fins d'arroser une certaine partie des fonds de ce domaine, emploi pour lequel le plus ou moins de limpidité de l'eau était de nulle importance; aussi n'avons-nous eu aucun renseignement sur ce point essentiel. Mais, ce que nous avons su de bien certain, c'est que, cet essai n'ayant pas réalisé les avantages qu'on s'en était promis, on avait depuis longtemps enlevé la pompe, et *le puisard avait été comblé,* ce puisard qui fournit, etc....

Vainement dirait-on que si ce puisard n'existe pas maintenant, il a existé autrefois ; comment constater actuellement et la quantité et la limpidité dont se prévaut M. Dumont ? Ne sait-on pas quelle immense différence il y a entre un résultat annoncé par un propriétaire, par un mécanicien, et un résultat établi par des expériences officiellement faites, sous les yeux d'hommes impartiaux et compétents. Ce qu'il y a de positif en cela , c'est qu'un fait capital, servant de pivot à toute l'argumentation du mémoire de M. Dumont sur la quantité d'eau du Rhône à obtenir par son système d'infiltration, ne peut être vérifié, puisqu'il n'existe pas!

Après cela, vaut-il la peine de mentionner une petite inexactitude, qui n'est cependant pas sans portée, et qui consiste à dire (page 44), que « 200 mètres environ de galeries d'infiltration creusées dans un terrain « voisin du Danube, ont suffi pour alimenter *toute la fourniture* de Vienne « en Autriche, dont la population est supérieure à celle de Lyon? » Or, ce n'est pas toute la fourniture de cette capitale qu'il fallait dire, pour être dans le vrai, mais seulement celle des faubourgs à l'ouest de la ville , ce qui est un peu différent ; et pour rendre complètement hommage à la vérité, il aurait fallu ajouter que ces galeries souterraines recueillent non de l'eau pure du Danube, mais un mélange d'eaux du fleuve et d'eaux de sources de la chaîne de montagnes parallèle au fleuve. Ces deux circonstances sont attestées par les magistrats municipaux de Vienne (voyez la 2ᵉ édition du rapport de M. le Maire de Lyon , réimprimé par décision de M. le Ministre de l'Intérieur).

On voit dans tout le cours du mémoire de M. Dumont, de grands efforts de raisonnement, de calcul et d'omission (si l'on peut se servir de ce mot, qui sera expliqué tout à l'heure) , faits dans le but de donner ou d'entretenir l'idée qu'il ne faudra qu'une faible étendue de galeries pour obtenir une quantité d'eau égale à celle des sources comprises dans l'avant-projet de dérivation (1).

(1) Nous devons dire ici, à propos du volume de ces sources, que dans un petit imprimé émanant de M. Dumont ou de ses amis, on a commis diverses erreurs, que nous voudrions pouvoir appeler involontaires. D'abord, leur maximum de volume n'est pas 16,000 mètres cubes, mais 20,000, officiellement constaté par M. l'Ingénieur en chef Puvis, le 11 juillet 1842, au moment des plus grandes chaleurs de l'été ; quant au chiffre 8,226 m. c., M. l'Ingénieur en chef de Lagorce, en l'exprimant dans son rapport fait en 1838, à la suite d'une période de six années consécutives de pénurie d'eaux pluviales, aussi insolite que les pluies diluviennes et les inondations de 1840, qui en ont été la compensation et probablement la conséquence, M. de Lagorce, disons-nous, a déclaré que lors de ces premiers jaugeages, les batardeaux où se plaçait l'appareil de jauge n'étaient pas parfaitement étanches, et que, par diverses causes qu'il indique, il a constaté non tout le produit de chaque source, mais seulement toute l'eau qui a passé par l'échancrure de la jauge ; » l'essentiel, dit-il, était de constater une quantité dont on pût être certain, c'est ce que j'ai fait. » Le jaugeage subséquent des mêmes sources, opéré en 1841 par le même ingénieur, mais avec un appareil plus commode et par là même plus sûr, a constaté la quantité de 15,958 m. c., celui de 1842 par M. Puvis 20,122 et celui de 1843 par l'Ingénieur des mines, successeur de M. Puvis, 15,899.

Relativement aux étangs de la Bresse, où, suivant le même petit imprimé, les sources dont il s'agit auraient leur origine, il est vraiment incroyable qu'on persiste dans une pareille absurdité, après non pas les raisonnements mais les faits suivants, qui ont été déjà répétés à satiété, et qu'il ne faut pas néanmoins se lasser de reproduire : Ces sources préexistaient de temps immémorial, lorsque l'on a commencé à établir des étangs sur le plateau de la Bresse et de la Dombe ; donc les étangs n'ont pas produit les sources ; — depuis un siècle, les étangs ont quintuplé en nombre ou en grandeur, et depuis un siecle les sources n'ont pas augmenté ; — enfin, par un décret de la Convention du 4 décembre 1793 qui n'a été rapporté que le 1ᵉʳ juillet 1795, tous les étangs ont été momentanément desséchés, et les moulins mus par les eaux de ces sources n'ont pas cessé de tourner. Il n'y a donc point de relation actuelle entre les sources et les étangs ; et si l'on desséchait ceux-ci, apparemment ce serait pour cultiver et par conséquent rendre meuble et perméable le sol qui les supporte, au travers duquel les eaux pluviales pourraient désormais s'infiltrer ; et, dans ce cas, les sources n'auraient qu'à gagner à ce changement, au lieu d'y perdre.

En voici le motif.

M. l'ingénieur en chef, Mondot de Lagorce, M. le maire de Lyon et la Commission d'enquête ont démontré, de la manière la plus évidente, une vérité, qui est maintenant bien établie, mais qui ne s'accorde pas avec les vues actuelles de M. Dumont, savoir : que si l'on veut réaliser le système de fourniture d'eaux du Rhône par galeries d'infiltration, on ne peut le faire judicieusement et avec sécurité, que sur la rive gauche du fleuve; par ce que là , dans le cas où l'on éprouverait quelque mécompte en fait de quantité d'eau recueillie, et dans le cas encore où le produit d'abord obtenu viendrait à diminuer, on y remédierait facilement en prolongeant les galeries, ce qu'on pourrait faire presque indéfiniment en remontant le long du cours du fleuve. Il convient beaucoup, on le conçoit, à M. Dumont, de supprimer dans son devis général les frais de construction d'un pont fixe sur le Rhône, qui s'élèveraient à une somme plus rapprochée peut-être d'un million que de cinq cent mille francs; et c'est pour cela qu'il se débat contre la nature des choses, contre l'évidence des faits et contre les preuves que lui-même a produites.

En effet, nous lisons dans la lettre de M. Cloostermans, ingénieur actuel des eaux de Toulouse, rapportée par M. Dumont, page 11 : « *leur longueur totale* (des galeries) *est d'environ* 650 *mètres*. Et nous lisons dans les conclusions qui suivent cette lettre, page 24 :

« 5⁰ Que lorsque chaque roue de l'équipage hydraulique fait 5 tours
« par minutes , la quantité d'eau élevée est de 192 pouces ; or, d'après
« les renseignements positifs pris sur les lieux , ce nombre est celui des
« tours moyens fait ordinairement par les deux roues ; il arrive même
« souvent que ce nombre de tours est de 5,5 et de 6 , de telle sorte que
« l'on peut admettre que *la quantité d'eau journellement élevée est au mi-*
« *nimum de* 200 *pouces.* »

Voilà donc deux faits parfaitement établis, bien que M. Dumont ait mis beaucoup de soin à ne rappeler nulle part dans son mémoire le passage de la lettre de M. Cloostermans que nous venons de mettre en relief. Mais le public , qui n'a pas les mêmes raisons pour s'abstenir, ne respectera pas l'omission ou la réserve de M. Dumont, et fera certainement le calcul suivant :

S'il faut 650 mètres de galeries pour avoir 200 pouces d'eau (= 4,000 mètres cubes par 24 heures), combien en faudra-t-il pour obtenir les 750 pouces (15,000 m. c.) que M. Dumont a pris pour base de ses projets, de ses calculs, de ses propositions, ainsi que tout cela est exposé dans ses mémoires et dans ses lettres de divers formats? — Réponse : 2437 mètres de galeries.

Or, voilà un chiffre qui renverse toutes les propositions, les calculs et les projets de M. Dumont relatifs à l'atterrissement du Petit-Broteau, en amont du faubourg de Bresse, puisque ledit atterrissement n'a pas tout-à-fait 1,600 mètres de longueur totale sur la carte jointe à son mémoire; et que toute l'étendue de galerie qu'il a trouvé le moyen d'y placer n'est que de 1,430 mètres, suivant son propre tracé sur cette carte.

D'après la règle proportionnelle qui précède et qu'il faut bien admettre, car on ne peut, dans le service de Toulouse, choisi comme type, prendre ce qui convient et rejeter ce qui ne plaît pas, les 1430 mètres de galeries fourniraient 440 pouces d'eau, soit 8,800 mètres cubes par 24 heures (ce qui est un peu loin de 15,000). Ce n'est pas nous qui disons cela, qu'on veuille bien le remarquer, c'est M. Cloostermans et M. Dumont, qui non seulement le disent, mais le prouvent par des faits.

Prétendrait-on maintenant que le sol du Petit-Broteau est plus perméable que celui du banc de Toulouse, et que la quantité infiltrée à Lyon sera proportionnellement plus forte? A cela il pourrait être répondu par des affirmations en sens inverse, tout aussi fondées que les précédentes, ou, si l'on veut, ne l'étant pas davantage ; mais tout homme de bon sens, désireux de se faire à ce sujet une opinion saine, voudra nécessairement l'établir sur des faits, puisqu'il en existe, et non sur de simples conjectures.

Or, les faits, nous venons de les citer; et le résultat qu'ils indiquent pour Lyon, c'est une quantité totale de 8,800,000 litres par jour, si l'on place le système d'infiltration d'eaux du Rhône dans l'atterrissement du Petit-Broteau.

Mais là, à défaut de la quantité qu'on ne peut avoir, aura-t-on du moins la qualité de l'eau qu'on espère, c'est-à-dire la composition réelle de l'eau du Rhône? — La réponse à faire à cette question va nous conduire,

va nous obliger à nous occuper d'une circonstance étrange , qu'il est pénible d'avoir à expliquer.

M. Dumont a contesté les propriétés hygiéniques attribuées par M. Dupasquier et bon nombre d'autres savants distingués , au carbonate de
chaux contenu en proportion modérée dans l'eau potable ; mais il est
une substance sur les propriétés nuisibles de laquelle il n'y a contestation
ni de sa part, ni de personne : c'est le sulfate de chaux , appelé autrefois
sélénite , qui rend l'eau crue, indigeste, impropre à dissoudre le savon ,
mauvaise, en un mot, pour l'alimentation et l'industrie. C'est donc sur ce
point surtout que doit porter l'attention des personnes qui s'occupent
d'eaux potables , c'est par là notamment qu'il importe de comparer entre elles les diverses espèces d'eau. M. Dumont n'y a pas manqué ; mais
nous allons voir avec quel soin il s'est acquitté de cette partie de son
travail.

L'eau des sources qu'il s'agit d'amener à Lyon contient du sulfate de
chaux dans les proportions suivantes :

D'après les analyses de MM. Boussingault et Dupasquier, — par litre —
1 centigramme et 1/10, soit *onze milligrammes.*   0,011

D'après les analyses de M. Bineau, seulement *six milligr.* .   0,006

L'eau du Rhône, prise dans le courant, n'en contient que
d'aussi faibles proportions, c'est-à-dire , en été 7 milligrammes, en hiver 19 , —toujours par litre. Mais M. Dumont ne
s'est pas chargé de faire valoir l'eau du fleuve telle qu'elle
coule dans son lit; il n'exalte que l'eau recueillie par infiltra-
tration dans les terrains de ses rives , particulièrement *dans
les alluvions complètement pures de matières étrangères de la
rive gauche* (page 66), dans les fossés des forts, par exemple ,
et *dans le terrain vierge du Petit-Broteau* (page 65) en amont
du faubourg de Bresse. « C'est ainsi, dit-il (page 73), que le
« puits situé près de la traille St-Clair au centre de la plaine
« du Petit-Broteau , et dans l'emplacement que nous avons
« proposé pour les galeries d'infiltration, donne une eau qui
« n'offre qu'une quantité *tout-à-fait insignifiante* de sulfate de

35

« de chaux. » Voyons donc quelle est cette quantité insignifiante ; nous la trouvons dans un tableau fourni par M. Dumont lui-même et inséré dans son mémoire :

Eau des fossés des forts, sur dix litres, 0 g. 410, soit, par
litre, 4 centigrammes 1/10, ou *quarante-un milligr.* . . . **0,044**

Eau du puits, près la traille St-Clair, 0 g. 505, sur dix litres, soit par litre 5 centigrammes, ou *cinquante milligr.* . **0,050**

C'est-à-dire 4 fois 1/2 plus que M. Dupasquier n'en a trouvé dans
l'eau des sources de Roye, Fontaine, Neuville, et *huit fois plus* qu'elles
n'en contiennent d'après les analyses de M. Bineau , professeur de chimie
à la Faculté des sciences.

Eh bien, concevra-t-on que, malgré la connaissance que l'auteur avait
nécessairement des chiffres que nous venons de rapporter, puisqu'ils
existent tous dans son mémoire , on puisse lire dans ce même mémoire
les lignes suivantes (page 68) :

« Ainsi l'eau des fossés du fort ne contient que 0,041 (celle du puits ,
« près la traille St-Clair, 0,050) de sulfate de chaux, par litre, QUANTITÉ
« INFÉRIEURE A CELLE CONTENUE DANS LES EAUX DE NEUVILLE ET DE ROYE.»

Or, celle-ci n'est que de 0,011, ou de 0,006 !

Quelle confiance , nous le demandons, peut-on accorder à un travail
où se trouvent de pareilles inexactitudes? Comment croire désormais aux
calculs que ce travail renferme? Est-ce que dans les devis ébauchés pour
le système qu'il présente , est-ce que dans l'estimation des dépenses du
projet qu'il attaque , l'auteur aura été plus exact?

Jetons un coup d'œil sur ses évaluations, afin de savoir ce qu'il faut en
penser.

Disons, d'abord, qu'il est fort difficile d'apprécier ou de contrôler les
frais de premier établissement et ceux d'exploitation du système de
M. Dumont ; car on n'est jamais sûr de connaître ses conceptions définitives en fait de fourniture d'eaux du Rhône , soit de la rive gauche , soit
de la rive droite, et de posséder la dernière édition de ses projets. Ainsi ,
pour la force motrice destinée à élever les eaux du Rhône , il a annoncé ,

successivement vouloir employer , l'année dernière , un canal de dériva-tion terminé par une chute d'eau, — au mois d'août de cette année , trois machines à vapeur de 70 chevaux chacune , — au mois d'octobre deux machines de 90 chevaux, — au mois de novembre une machine de 140 et une autre de 30. De toutes ces combinaisons en fait de moteur, quelle est la bonne, ou du moins, quelle est celle à soumettre à des caculs?

On peut demander également : où est-ce que M. Dumont doit établir définitivement son système d'infiltration? Est-ce sur la rive droite, ou bien sur la rive gauche? — C'est sur la rive droite, dans le Petit-Broteau , dira un lecteur tenant à la main le mémoire du mois d'octobre. — Non , c'est sur la rive gauche , dira un lecteur de l'imprimé publié en novem-bre , puisqu'on lit dans cet imprimé (page 5) : « *La fourniture des eaux* « *du Rhône peut être illimitée en quantité.* » —Or, cela ne peut être à peu près vrai que sur la rive gauche , et cela serait complètement faux s'il s'agissait de l'atterrissement du Petit-Broteau , qui est actuellement très limité , et qui, en amont et en aval, se termine de manière à ne pouvoir jamais être prolongé.

Ce qui tendrait à confirmer qu'on donne décidément la préférence à la rive gauche, c'est le passage suivant, qui se trouve à la page 6 du même imprimé : « Veut-on *doubler* les fournitures , les sources font défaut, *le* « *Rhône est intarissable.* Selon nous , là est le nœud de la question ; car « une fourniture de 15,000 mètres cubes est peu de chose pour le présent, « et à plus forte raison pour l'avenir promis à Lyon. » Evidemment, il ne s'agit plus du Petit-Broteau , dont les ressources sont si bornées , ainsi que nous l'avons vu précédemment , et on l'abandonne pour la rive gauche. (Faisons remarquer toutefois que l'assertion mise en italique ci-dessus n'est pas plus vraie pour un côté que pour l'autre du fleuve; car si le Rhône est intarissable dans son lit, quant à la quantité d'eau à y prendre pour doubler, décupler, centupler celle qui serait déjà distribuée dans Lyon , il n'en sera pas du tout de même des galeries d'infiltration, qui ne fourniront de l'eau qu'en raison directe de l'étendue ou du prolonge-ment qu'on leur aura donné.)

Mais , quelques pages plus loin , nous lisons , à propos des évaluations

de la Commission d'enquête , qui sont contestées dans cet imprimé :
« On nous compte un pont sur le Rhône .... ; or , nous n'avons
« point à traverser le Rhône, et nous n'avons aucun pont à construire. »
Alors nous revenons à la rive droite et au Petit-Broteau ; c'est à s'y perdre.

En ce lieu donc, où , d'après la base non hypothétique mais positive du
fait réalisé à Toulouse , on ne doit pas compter obtenir seulement 9,000
mètres cubes, comment fera-t-on pour recueillir d'abord 15,000 mètres,
ensuite *le double* de ces 15,000 m. , etc. ? Devine qui pourra.

Voilà pourtant avec quel soin sont rédigés les exemplaires successifs des
projets de M. Dumont.

Dans son mémoire du mois d'octobre, après avoir dit (page 128) :
« on dépensera au plus une somme annuelle de 30,000 fr. en combus-
« tible, » il a établi ainsi son devis plus que sommaire :

Dépenses en filtre, achats de machines, réservoirs, etc.,
évaluées au maximum . . . .   1,200,000 fr.

Capital représentant les frais annuels d'entretien à 5
pour % (ceci ne peut se rapporter qu'à la somme ci-
dessus de 30,000 fr. pour combustible.)   600,000

Total *de la dépense étrangère au système de conduites.*   1,800,000

Ainsi , il n'est rien porté là pour le château d'eau ou bâtiment des
machines, rien pour les conduites-mères d'environ 3,000 mètres d'étendue
destinées à faire parvenir l'eau à Lyon , rien non plus pour représenter le
salaire des chauffeurs, dont il n'est cependant guères possible de se passer
etc. , etc.

Dans l'évaluation, prétendue approximative, qui termine le dernier
imprimé, on a , il est vrai, porté quelques articles passés sous silence
dans le précédent. Mais, néanmoins, que de dépenses omises ou affaiblies
nous pourrions mentionner, si nous ne pensions devoir nous borner ,
sur ce chapitre , à des observations succintes, n'ayant pas mission et ne
voulant pas prendre le soin , probablement réservé à d'autres , de faire ou
de vérifier le devis complet d'une fourniture d'eaux du Rhône. Nous dirons

seulement que, d'après des documents que nous possédons (car nous avons étudié la question des fournitures d'eau sous toutes ses faces et en divers pays, ainsi qu'on le verra plus tard), nons ne conseillerions à personne de se charger à forfait de l'exécution de l'entreprise, telle qu'elle est à peu près indiquée par M. Dumont, moyennant le double du montant de son devis.

Ceci, au surplus, n'est que la reproduction de l'opinion exprimée, à diverses époques, par des hommes parfaitement compétents, c'est-à-dire des ingénieurs d'un rang et d'un mérite également distingués, et par la Commission d'enquête, qui comptait parmi ses membres M. Puvis et M. Frèrejean, dont la science et l'expérience en fait de machines n'ont pas besoin d'être attestées.

Une opinion analogue a été émise, et |publiée en dernier lieu, par M. l'ingénieur des mines du département du Rhône. Cet ingénieur, qui est membre de la Société d'Agriculture de notre ville, a fait, comme rapporteur de la Commission que cette Société avait formée dans son sein pour faire des études sur la question des eaux, un travail important dont la Société a voté l'impression, après l'avoir discuté et adopté, et qui se termine par une Note, où l'on remarque ce ton de réserve et de convenance qui est habituel aux hommes instruits. En la reproduisant, nous ne devons pas omettre de dire que son auteur, M. Pigeon, dans un voyage qu'il a fait en Angleterre, il y a un an, s'est livré à un examen attentif des moyens et des appareils de fourniture d'eau à Londres, ainsi qu'on le voit d'ailleurs, par sa lettre, insérée parmi les pièces qui accompagnent le rapport de M. le Maire de Lyon sur les eaux potables.

Voici la note dont il s'agit :

L'on remarquera que les questions de clarification et de rafraîchissement des eaux du Rhône, ont été tout-à-fait laissées de côté dans ce travail, non qu'elles ne parussent d'importance majeure, et qu'elles n'aient fixé l'attention des divers membres de la Commission, mais *il n'existe encore aucune expérience bien positive et faite sur une suffisante échelle*, d'où l'on puisse conclure que ces conditions tout-à-fait indispensables, si l'on veut avoir de bonnes eaux potables, seraient susceptibles d'être réalisées d'une manière permanente et sûre pour les quantités d'eau considérables qu'il faudrait demander au fleuve; et la Commission a pensé, d'un commun accord, qu'il convenait de laisser de côté dans le rapport l'examen de ces questions, qui ne pouvaient donner lieu à des conclusions nettes et positives.

Incidemment, l'on s'est abstenu de tout parallèle entre les eaux des sources de la rive gauche de la Saône et les eaux du Rhône, dans l'hypothèse où ces dernières auraient été transformées en bonnes eaux potables.

De là l'existence d'une lacune volontairement introduite, et qui nécessite, de la part du rapporteur de la Commission, quelques considérations supplémentaires présentées en son nom personnel.

L'on accordera volontiers, d'abord, que la ville de Lyon se trouve placée dans les conditions les plus propres à la filtration naturelle des eaux fluviales, et la grande abondance d'eaux que donnent les puits des Brotteaux, ou qui pénètrent par infil-tration dans les fossés exécutés pour les travaux de fortification, est à cet égard un fait caractéristique. *Mais le succès complet et permanent d'une clarification entreprise sur l'échelle que requièrent les besoins de la ville de Lyon, reste néanmoins toujours incer-tain*, et l'exemple de Toulouse autorise de plus à contester la possibilité d'un suffi-sant rafraîchissement de pareilles masses d'eau pendant les chaleurs de l'été.

Avec les eaux des sources, au contraire, certitude de réaliser d'une manière per-manente et sûre ces deux conditions essentielles de la pureté et de l'égalité de tem-pérature.

Resterait la question de la dépense.

Or, pour peu que l'on veuille sérieusement entreprendre la filtration des eaux du Rhône sur une grande échelle, on devra se transporter sur la rive gauche du fleuve, dans la plaine des Brotteaux, ou bien encore, comme le propose un savant ingénieur, M. Garella, remonter sur la rive droite *à une grande distance* en amont de Lyon.

Dans le premier cas, il faudrait pour faire arriver les eaux dans la ville, exécuter sur le Rhône un pont de construction bien solide, et très-dispendieuse.

Dans le second cas, il y aurait à établir sur une longueur considérable et à très-grands frais, comme on l'a surabondamment montré, un canal de dérivation ou mieux encore un aqueduc couvert.

Dans l'une et l'autre hypothèse, il faudrait en outre acheter de vastes étendues de terrain, *entreprendre pour la filtration de grands et difficiles travaux* dans des terrains d'alluvion, construire des châteaux d'eau, et refouler les eaux au moyen de machines jusqu'aux hauteurs voulues.

Dans le système de la dérivation des sources, les dépenses à mettre en regard des précédentes concernent l'achat des sources mêmes, le creusement de la galerie souterraine, des expropriations de terrains le plus souvent provisoires; enfin, l'éta-blissement de la petite machine qui serait destinée à pourvoir aux besoins divers des quartiers élevés. Un semblable parallèle ne saurait être établi d'une manière précise, et parce qu'il faudrait que l'emplacement des filtres fût préalablement déterminé, et parce que dans l'un et l'autre cas les devis ne pourraient être établis que d'une manière approximative. *Autant, toutefois, qu'on peut en juger en se basant sur les évaluations ordinaires et les résultats de l'expérience, il est tout au moins douteux que le projet de dérivation dût, dans le parallèle qui serait fait à cet égard, avoir le désavantage.*

A égalité de dépenses, d'ailleurs, et lors même que la réalisation de ce projet devrait être un peu plus coûteuse, il vaudrait mieux encore, en prévision de l'avenir et dans l'intérêt bien entendu de la cité, s'en tenir à son exécution. Car, tout partisan qu'on soit des machines, il faut convenir que des galeries souterraines présentent des conditions tout autres de solidité, de conservation et de permanence, et l'on peut citer comme péremptoire à cet égard l'exemple des bienfaits qu'après tant de bouleversements et de siècles de barbarie, certaines villes retirent encore des admirables ouvrages hydrauliques construits par les Romains (1).

Si une opinion aussi grave, aussi compétente que celle qui précède, avait besoin de confirmation, elle se trouverait dans les citations que nous allons faire.

A ce sujet, qu'on nous permette de faire observer que, pour réfuter les assertions ou rectifier les énoncés de M. Dumont, nous ne mettons pas en avant des idées ou des calculs qui nous soient propres ; il est évident qu'ils seraient sans poids, sans autorité ; mais nous puisons nos faits et nos chiffres aux sources les plus sûres, bornant le rôle que, par une attaque injuste, on nous a forcés de prendre, à réunir et à soumettre aux hommes impartiaux des documents et des détails, à l'égard desquels nous ne craignons pas, nous, d'être accusés d'inexactitude.

Le gouvernement anglais a créé, récemment, pour s'occuper de toutes les questions qui se rapportent à la santé publique, une Commission qui s'est livrée dans ce but à un immense travail ; il nous suffira de dire, pour en donner une idée, qu'indépendamment des relations qu'elle a établies par correspondance avec diverses contrées, avec l'Amérique du

(1) Extrait des Annales de la Société royale d'agriculture, histoire naturelle et arts utiles de Lyon.

Nord, par exemple, elle s'est transportée dans cinquante villes anglaises, dont la plupart sont pourvues d'un service de distribution d'eau. Les deux tiers environ de son rapport sont achevés, et, en ce moment, sont sous nos yeux. On y trouve, sous forme d'interrogatoires, suivant l'usage anglais, des renseignements fournis et des opinions émises par les premiers ingénieurs et savants d'Angleterre.

Voici quelques fragments extraits de l'interrogatoire de M. Thomas Hawksley, ingénieur, se rapportant au service hydraulique d'une ville de 50 à 60,000 âmes, où l'eau puisée dans un réservoir à 1 kilomètre 1/2 hors de son enceinte, est élevée par des machines à vapeur à la hauteur de 135 pieds anglais (41 m. 15 c.), pour être de ce point distribuée dans la ville. (Ces circonstances ont, comme on le voit, beaucoup d'analogie avec celles du projet de fourniture d'eaux du Rhône.)

D. — Votre pratique vous fournit-elle quelque donnée par laquelle on puisse juger des frais d'une fourniture d'eau, y compris l'usure des machines à vapeur, l'intérêt sur le capital fixe pour les machines et tous les tuyaux de distribution, les dépenses de gestion, en un mot, du total des frais ?

R. — Oui, la dépense totale est, d'après l'expérience du service des cinq dernières années, de 2—88 (2 7/8) pence par 1,000 gallons. Ce qui est égal à douze livres sterling par million de gallons. (1)

Le témoin présente un tableau de dépenses. (Ce tableau, dont les nombreux détails ne nous permettent pas de l'insérer ici, est divisé en quatre groupes, intitulés comme suit : frais à peu près proportionnés à la quantité d'eau fournie ; — frais qui diminuent en proportion de l'accroissement des quantités pompées ou fournies ; — frais qui diminuent moins rapidement que n'augmente la quantité d'eau pompée ou fournie ; intérêt du capital engagé ; et le total des divers articles de dépense se monte à 11 livres, 19 schellings, 11 1/2 pence, soit 12 livres sterling pour 1,000,000 de gallons = 300 francs pour 4,540,000 litres.)

L'interrogatoire de M. Hawksley continue :

D. — Mais le prix du combustible varie beaucoup suivant les localités ?

R. — Oui.

---

(1) Un gallon équivaut à 4 litres 1/2 (4, 54). — Voici le texte original de la réponse:

« Yes ; the total expense is, on the experience of the last five years, 2-88 pence per 1,000 gal-
« lons. This is equal to L. 12 per million gallons.

D. — Les machines sont différentes aussi et consomment plus ou moins de combustible ?

R. — Oui.

D. — Quelles machines et quels prix de combustible, pris en rapport les uns
des autres, donneront le résultat que présente votre tableau ?

R. — Ce sera à peu près ainsi :

GENRE DE MACHINES. (Description of engine)	PRESSION. (Steam pressure.)	COMBUSTIBLE (1). (Price of fuel, delivered.)
		Schellings.
N° 1. H. P., à double effet, sans condenseur. . . .	$30 + 0$	6 0 par ton.
2. Bolton et Watt, double effet, condenseur . . .	$3\frac{1}{2} +$ atmos.	9 0 »
3. Bolton et Watt, simple effet, condenseur . . .	$3\frac{1}{2} +$ atmos.	12 0 »
4. Cornouailles, double effet, condenseur	$30 +$ atmos.	16 0 »
5. Cornouailles, simple effet, condenseur	$30 +$ atmos.	20 0 »
6. Cornouailles, simple effet, condenseur	45 atmos.	25 0 »
7. Cornouailles de Taylor, simple effet, condenseur.	. . .	32 0 »
Toutes les machines de Cornouailles sont à expansion.		

D. — L'économie relative de ces machines est-elle telle que, par exemple,
là machine N° 6 puisse faire avec la dépense de 9 schellings de combustible, la
même somme de travail que ferait la machine N° 2 avec 25 schellings ?

R. — Oui, mais en regard de cet avantage l'on doit placer le coût premier de la
machine N° 6, qui est infiniment plus élevé, et la facilité beaucoup plus grande
avec laquelle elle se dérange. Par l'emploi de la machine de Cornouailles N° 6,
à la place de la machine de Bolton et Watt N° 2, on économiserait presque 2
pence par mille gallons sur la dépense en combustible ; mais la dépense de
premier établissement serait augmentée de plus de 1 penny ; l'économie qui
en résulterait, mise en regard de l'accroissement du risque, ne dépasserait pas
un vingt-neuvième ($\frac{1}{29}$) de la dépense totale.

Je serais donc, en général, bien éloigné de recommander l'adoption de la
machine de Cornouailles (2), à l'exception peut-être des cas où les usines

(1) Egal en qualité au charbon de New-Castle.

(2) I should, therefore, be in general disinclined to recommend the adoption of the Cornish
engine, except, etc.

seraient d'une étendue telle , et arrangées de manière que le public n'eût à souffrir aucun inconvénient du chômage d'une machine.

Voici sur ce dernier sujet , le résumé de l'opinion d'un autre ingénieur, M. Thomas Wicksteed.

Après avoir soumis des tables en réponse à cette question : « Etes-vous en mesure de fournir un tableau des dépenses à faire pour élever l'eau à une hauteur donnée, dans des circonstances diverses ? » Il ajoute :

Les résultats qui précèdent — déduits de calculs faits pour la hauteur de 100 pieds (30 m., 50) — démontrent qu'il y a de grandes variations dans la dépense à faire pour élever de l'eau selon les machines à vapeur qu'on emploie ; mais la comparaison est favorable aux machines de l'ancien système (1) ; celles dont je vous ai présenté le travail sont bonnes.

On voit , par la citation que nous venons de faire de témoignages de praticiens anglais , consignés dans des documents authentiques (de la réalité desquels nous sommes prêts à justifier), qu'en Angleterre, où certes les ingénieurs s'entendent à utiliser des appareils mécaniques, il est établi, non par simple appréciation , mais *par le résultat d'une expérience de cinq années* qu'il en coûte 300 fr. par jour , ou 110,000 fr. par an pour fournir 1 million de gallons, soit 4,500,000 litres , élevés d'abord à 41 mètres. Si l'on calculait une dépense exactement proportionnelle pour la quantité sur laquelle porte le devis du dernier imprimé relatif au projet de fourniture d'eaux du Rhône, c'est-à-dire 15,000,000 de litres, fournis par 24 heures, on trouverait pour montant de cette dépense le chiffre de 366,000 fr. par année. Mais, nous nous hâtons de le dire, un semblable calcul conduirait à un résultat qui ne serait pas vrai, attendu que s'il y a dans un service de ce genre beaucoup de frais qui croissent en raison directe de la quantité d'eau qu'on veut obtenir et qu'on veut élever, il y en a d'autres qui ne suivent pas cette même progression. Toutefois , les hommes pratiques reconnaîtront que le montant de la dépense annuelle de la fourniture de 15,000 mètres cubes d'eaux du Rhône , si elle ne

---

(1) The comparison, however, is favourable to the engines upon the old plan.

s'élève pas entre 300 et 400,000 fr., sera certainement fort au-dessus du chiffre de 130,000 francs, indiqué dans le devis par trop sommaire dont nous venons de parler, et variera entre 250 et 300,000 fr.

C'est justement entre ces deux termes que variera aussi la dépense annuelle de l'entreprise de la dérivation des sources, puisque cette dépense se composera à peu près uniquement de l'intérêt à 4 pour % du capital employé à sa réalisation.

Nos adversaires affectent de présenter le montant du devis (6,200,000 fr.), inséré dans les pièces de l'avant-projet, comme un chiffre susceptible de s'élever beaucoup, à l'exemple de ceux de la plupart des devis ordinaires, tandis que, au contraire, il doit être regardé comme un *maximum*. La raison en est bien simple : le prix qui est porté pour l'aqueduc résulte d'un engagement formel, d'un homme capable et solvable, de le faire en entier à forfait, et le prix d'achat des eaux résulte de promesses de vente qui le limitent (1); d'où il suit que pour ces deux articles, formant *les cinq sixièmes* du devis, la Société exécutante pourra bien payer moins, mais elle ne paiera pas plus. Puisque la Commission d'enquête a pensé et émis l'opinion que l'entreprise entière pouvait être réalisée avec une dépense d'un million de moins, on accordera bien que rien n'eût été plus facile que de composer un devis ne dépassant pas

---

(1) Nous saisissons cette occasion de rétablir ou de faire connaître la vérité sur un point qui se rapporte à l'achat des eaux. Quelques personnes pensent que les promesses de vente qui existent de la part d'un certain nombre des plus importants propriétaires de sources et d'usines, en prévision du cas de la dérivation, sont faites de manière à ce que la Société exécutante sera tenue d'admettre sans contrôle les prix portés dans ces actes: c'est une erreur. Les actes dont il s'agit ont dû être faits, d'abord en vue de démontrer que la valeur des eaux à dériver n'était pas, comme on l'avait dit, inabordable, ensuite dans un intérêt de sécurité pour la Société, qui sait maintenant qu'en réalisant les conventions ou promesses de vente existantes, elle est sûre de ne pas dépasser le chiffre porté dans le devis; cette assurance est d'autant plus positive, que pour les droits à acquérir des propriétaires avec qui il a été jugé superflu de faire des conventions (l'indemnité donnée à leurs voisins sur le même cours d'eau devant régler proportionnellement la leur), on a porté dans les sous-devis détaillés, de crainte de mécompte, les sommes que ces propriétaires demandent eux-mêmes, sauf à obtenir plus tard des diminutions très-probables sur ces sommes. Mais on n'a jamais pu raisonnablement penser qu'en fait d'achats ou d'indemnités, la Société ne conservât pas pleine liberté de contrôle et d'action.

5 millions. Il est vrai de dire même que si la Société entend faire dans l'exécution certaines économies qui, lors de la rédaction du devis, n'ont pas été jugées convenables, elle pourra maintenir la dépense totale au-dessous de 6 millions ; c'est elle qui en sera juge ; mais une dépense de 6,200,000 fr. étant probable ou possible, ce chiffre a dû être posé.

Quoi qu'il en soit, cette base étant adoptée, et l'intérêt des capitaux en France , dans de grandes entreprises , ne pouvant plus être calculé autrement qu'à 4 pour %, par an , MM. les Ingénieurs dont l'opinion a été précédemment rapportée, M. le Maire de Lyon, ainsi que la Commission d'enquête, ont donc eu raison de présenter comme à peu près égales, la dépense annuelle du système de la dérivation des sources fournissant 15 à 16,000 mètres cubes d'eau par 24 heures, et celle du projet consistant à élever des rives du Rhône, en amont de Lyon, une pareille quantité d'eau, à l'aide d'appareils mécaniques.

Malgré toute assertion et tout devis contraire de M. Dumont, ce point est désormais fixé, et acquis à la discussion.

Nous ne terminerons pas cet aperçu de dépenses , sans faire remarquer combien les évaluations de la Commission d'enquête se trouvent justifiées par les avis des Ingénieurs anglais que nous avons cités relativement aux machines du système de Cornouailles, que M. Dumont a présentées comme devant réaliser, en résultat, une prodigieuse économie, et dont il a parlé, du reste, comme ne possédant que bien peu de notions sur elles, puisqu'il a dit sérieusement qu'on était fort heureux, à Lyon, de posséder la colline de Montessuis, sans quoi il n'aurait pas été possible de se servir de ces machines pour élever l'eau ; singulière assertion qui a été déjà relevée par des hommes spéciaux. Il y a bon nombre de ces machines qui fonctionnent à Londres et dans d'autres villes où ne se trouvent ni montagnes ni collines.

Nous avons hâte d'échapper au pénible labeur consistant à signaler les graves inexactitudes dont le mémoire de M. Dumont présente un assemblage, probablement sans exemple. Mais pouvons-nous laisser sans en parler cette assertion qu'on trouve dans vingt endroits de ses mémoires , portant que si l'on adopte ses projets, nous verrons *l'eau du Rhône clarifiée*, *jaillir* DANS QUELQUES MOIS *sur toutes nos places , dans toutes nos rues*, etc.

En supposant même qu'il eût un moyen pour obtenir son eau, aussi promptement qu'avec la baguette de Moïse, pourrait-il placer les conduites dans *toutes* les rues , places, etc., aussi par enchantement ? Mais, avant de les placer, il faut les avoir : est-ce qu'il y a quelque usine métallurgique où l'on trouve tout prêts, sans les avoir commandés, 50 à 60,000 mètres de tuyaux, de divers calibres ? Il faut donc les commander, et auparavant il faut calculer leurs proportions , ce qui n'est pas l'affaire d'un jour. Mais il y a , de plus, une opération que nous n'avons pas mentionnée, c'est l'épreuve isolée de chaque tuyau sous une forte pression. Enfin, quand ils auraient été calculés , commandés, fabriqués, reçus et éprouvés, il resterait l'immense tâche de les placer sous le sol , — La promesse de faire couler l'eau du Rhône clarifiée en tout Lyon DANS QUELQUES MOIS, est donc simplement une parole en l'air.

L'un des sociétaires fondateurs les plus importants de la Compagnie du Gaz pour l'éclairage de Lyon , consulté sur le temps qui serait nécessaire pour la fabrication et la pose du réseau de conduites en fonte destinées à la distribution de l'eau dans la ville, a répondu, que, sans nier absolument qu'on pût faire tout cela en un an, il croyait que cela n'était pas possible, et que l'espace de temps le plus court qui lui paraissait devoir être employé était au moins un an et demi. Eh bien, si l'on se rappelle que nous avons un engagement formel, avec cautionnement et toutes garanties désirables, pour l'exécution de l'aqueduc de dérivation *en seize mois ;* si l'on réfléchit que la pose des conduites de distribution en ville aura lieu nécessairement pendant la construction de l'aqueduc, on reconnaîtra par là même qu'il ne nous faut pas plus de temps pour distribuer les eaux des sources dérivées à Lyon , qu'il n'en faudrait à toute compagnie, — par tout système , — et pour toutes eaux quelconques.

Nous pourrions même dire avec vérité qu'il nous faudrait moins de temps pour cela qu'à une compagnie qui voudrait distribuer à Lyon des eaux recueillies par infiltration ; car l'eau que nous avons à amener est *toute faite*, et celle à recueillir par infiltration est *à faire*. Or, est-ce du premier coup qu'on la fera en qualité satisfaisante et en suffisante quanlité ? N'y aura-t-il aucun tâtonnement, à supposer même, ce que nous sommes loin d'accorder, qu'on arrive avec certitude à de bons résultats?

Ainsi, lors même, qu'au lieu d'aller chercher l'eau du Rhône dans l'intérieur d'un terrain à peu près encore inconnu, on la prendrait dans le courant du fleuve et au milieu de Lyon, l'on ne pourrait se flatter d'employer moins de temps pour la faire jaillir sur nos places et dans nos rues que nous n'en mettrons à y faire couler l'eau des sources, en exécutant simultanément, comme de raison, la construction de l'aqueduc et la pose des conduites.

Cela n'est-il pas parfaitement clair, cela n'est-il pas complètement vrai? Et dès-lors, si, à l'inverse de ce qui a été dit, le système de M. Dumont n'a pas pour lui l'avantage de la célérité des travaux d'exécution, ni celui, non plus, de l'économie des dépenses annuelles (et l'on vient de voir, d'après des témoignages impartiaux, irrécusables, ce qu'il faut en penser), qu'a-t-il donc en sa faveur ?

Pour avoir une idée juste à cet égard, jetons un coup-d'œil sur les traits caractéristiques des deux projets. — Cet aperçu formera le résumé de nos observations.

Il y a, dans un service hydraulique, deux choses à considérer : *l'eau* d'abord, et ensuite *le mode employé pour la fournir.*

Quant au premier point, les trois principaux corps savants de Lyon, l'Académie des Sciences, la Société de Médecine et la Société d'Agriculture, se sont prononcés d'une manière favorable aux eaux de source.

L'Académie a couronné le Mémoire de M. Thiaffait, proposant la dérivation des eaux de Roye et lieux voisins.

La Société de Médecine a adopté à l'unanimité les conclusions de sa Commission, présidée par M. le docteur Viricel, ainsi formulées :

« Les eaux des sources de Roye, Ronzier, Fontaine et Neuville, pos-
« sèdent constamment toutes les qualités hygiéniques des bonnes eaux
« potables. — Les eaux du Rhône sont bonnes aussi à certaines époques,
« mais elles sont souvent altérées......

« *Les eaux des sources ont donc plusieurs avantages réels qui doivent*
« *leur faire donner la préférence sur les eaux du Rhône.* »

Enfin, la Société d'Agriculture, à la suite d'une discussion qui s'est prolongée pendant trois séances, a adopté la résolution suivante :

« Le système combiné qui consisterait à prendre simultanément les
« eaux des sources et les eaux du Rhône à leur état naturel, en consa-
« crant les premières aux fournitures domestiques et industrielles, et les
« autres au service de la voirie et à l'entretien des fontaines, *satisferait*
« *à tous les besoins actuels de la population lyonnaise, et ce serait un*
« *moyen de résoudre complètement la question.* »

Dans l'ordre administratif, trois Commissions ont eu à s'expliquer sur le même sujet. La première, créée par M. Rivet, préfet du Rhône, a terminé ainsi ses conclusions motivées : « La quantité des eaux de toutes ces
« sources réunies est considérable..... — Leur permanence ne peut donner lieu à aucune crainte sérieuse: — Enfin, sous le rapport industriel,
« comme sous le rapport hygiénique, ces eaux possèdent toutes les qua-
« lités que réclament les usages pour lesquels on les propose. »

La Commission d'enquête, guidée par le sous-rapport des trois docteurs dont nous avons déjà parlé, a émis l'opinion suivante, en réponse à l'une des questions qui lui avaient été posées par M. le Préfet : « En ce qui tou-
« che la température, la limpidité et la composition chimique..... »
« Pour ces motifs, la Commission, sur la troisième question est d'avis :

« Que les eaux des sources dont la dérivation est demandée doivent
« être, sous tous ces rapports, préférées à celles du Rhône. »

Enfin la Commission élue par le Conseil Municipal de Lyon, au mois de novembre 1843, a soumis au Conseil des conclusions tendant à reconnaître l'utilité de la dérivation de ces sources.

Que pourrait-on alléguer, nous le demandons à tous les hommes de bonne foi et de bon sens, que pourrait-on alléguer contre un pareil faisceau d'attestations favorables? Et qu'est-ce que M. Dumont peut présenter en opposition, ou bien en compensation? Rien, absolument rien que de simples opinions ou conjectures individuelles.

Quant au *mode à employer pour fournir l'eau*, qui songerait à mettre sérieusement en parallèle des machines, quelque perfectionnées qu'elles soient, mais enfin des machines , avec une galerie souterraine qui, une fois construite , amènera à perpétuité par le simple effet de la pente à 30 mètres au-dessus du niveau moyen du sol de la presqu'île lyonnaise, d'abondantes eaux, qui, par leur seule force naturelle de pression, remonteront dans les plus hauts étages des maisons de l'intérieur de la ville, et malgré une perte de hauteur de charge évaluée en *maximum* à 14 mètres par M. l'ingénieur Pigeon pour les points les plus éloignés du territoire lyonnais, pourront ainsi parvenir au moins à 16 mètres, soit 50 pieds , d'élévation dans les maisons situées au confluent, ou à l'extrémité des communes de la Guillotière et de Vaise ? (1)

En fait d'appareils de filtration ou d'infiltration , comme d'appareils mécaniques, sans doute, là où il y a lieu de réaliser le système de fourniture d'eau de rivière, il serait injuste de ne pas compter sur les lumières, sur les efforts de la science, pour en obtenir les meilleurs résultats possibles. Mais, avant la science il y a le bon sens, et le bon sens nous dit : si vous pouvez avoir pour votre usage des eaux naturellement claires , naturellement fraîches et toujours homogènes, prenez-les , plutôt que de courir les hasards de tentatives chanceuses pour donner ces qualités à des eaux qui en sont dépourvues ; *la bonté de l'eau du Rhône* quand elle aura passé au travers du sol *est un problème*, mais *la bonté de l'eau des sources est un fait.*

De même on peut dire : une fourniture régulière d'eaux potables et industrielles, est un élément de bien-être et de bon travail pour la population d'une ville, par conséquent une véritable richesse pour cette ville ; or , le fonctionnement du meilleur mécanisme possible n'est, tant qu'il dure, *qu'un moyen* d'avoir cette richesse , mais un cours d'eau venant tout seul par sa pente, c'est *la richesse elle-même.*

Et cette richesse , la dérivation projetée la rendra perpétuelle à Lyon , puisque d'une part les sources ne peuvent être dérivées qu'en vertu

(1) Il est inutile de répéter ici qu'auprès du débouché de la galerie de dérivation, une roue hydraulique ou tout autre appareil fera monter sur le plateau la quantité d'eau destinée à la Croix-Rousse et aux quartiers élevés de Lyon.

7

d'acquisitions définitives , et que d'une autre part la maçonnerie souterraine se pétrifie par l'action du temps.

Si donc la Compagnie qui aura exécuté cette grande et belle entreprise
en retire quelque avantage, la Ville devra s'en féliciter par divers motifs
facilement appréciables ; mais , si le contraire arrivait , la Ville n'aurait
rien à regretter, rien à perdre. Dans le cas , par exemple , où le produit
annuel ne serait que de cinquante à soixante mille francs, cette somme,
dont aucune partie ne serait nécessaire pour la fourniture de l'eau *arrivant
sans nuls frais* , donnerait un intérêt d'environ 1 pour 0/0 aux actionnaires sur leur capital. Ce serait peu pour eux sans doute , mais l'eau ne
cesserait pas de couler à la disposition de la Ville et de chacun des habitants.

Il n'en serait certainement pas de même, dans un cas tout semblable, si
l'eau fournie à Lyon était de l'eau de rivière, élevée par le seul moyen de
machines à vapeur, pour le fonctionnement desquelles il y aurait toujours
à payer la houille, les chauffeurs et autres employés , ainsi que l'entretien de tout le matériel de l'usine hydraulique ; les cinquante ou soixante
mille francs de produit étant employés à ces frais courants de la fourniture, quoique incomplète, les actionnaires ne recevraient aucun divi-
dende ; et même , si le produit n'était que de moitié, les actionnaires ,
au lieu de recevoir de l'argent, seraient obligés d'en apporter. Mais ni la
morale, ni la loi ne peuvent obliger des citoyens à faire indéfiniment
des sacrifices pécuniaires ; en pareil cas , les machines s'arrêtent , la
Société se met en liquidation et l'eau de rivière cesse de couler dans
la ville ; — au lieu que dans l'hypothèse du plus faible produit , d'un
produit nul même, l'eau de source ne peut cesser de couler, *sa dérivation
étant irrévocable.*

Cette considération est véritablement capitale , et elle ne peut échapper
aux hommes publics appelés à des décisions concernant la dérivation actuellement demandée et préparée.

En résumé ,
L'eau du Rhône et celle de la Saône devant toujours rester, pour tout
usage , à la disposition des habitants, ne convient-il pas , n'est-il pas

d'utilité publique pour Lyon de permettre l'introduction dans la ville, d'une troisième espèce d'eau, vive, limpide, homogène, qui viendra, sans exclusion d'aucune de celles qui maintenant y existent ou qui peuvent y être amenées par la suite, sans charge municipale, sans faveur quelconque, s'ajouter aux éléments actuels de bien-être et de prospérité que possède notre grande cité industrielle?

Tel est, en réalité, l'état présent de la question.

Pour sa solution, nous nous en rapportons, avec confiance, au patriotisme éclairé des hommes qui doivent en connaître.

Pour la Société de dérivation des sources,

dont l'acte est déposé en l'étude de Me Thiaffait, notaire à Lyon.

BONAND.

Lyon, 18 novembre 1844.

P. S. — La meilleure preuve de l'inexactitude du devis des dépenses annuelles du projet de M. Dumont, dont le montant est 130,000 fr., et le plus fort démenti donné à ses assertions relativement à la prétendue *économie* de son système de fourniture d'eaux du Rhône, se trouvent dans la lettre récemment adressée à la municipalité par une réunion de financiers spéculateurs, annonçant l'intention de réaliser ce projet, à leurs risques et profits. Si ces Messieurs avaient réellement foi en l'*économie* dont il s'agit, à quoi le reconnaîtrait-on ? Au prix demandé pour la fourniture d'eau à la Ville; voilà la pierre de touche qui peut servir à faire connaître le fond de leur pensée. Or, ces Messieurs demandent une somme *égale à celle qui résulterait de l'application de notre propre tarif* qui est une limite en maximum, c'est-à-dire 120,000 francs par an pour 4 millions de litres par jour.

Eh quoi! pourrait-on leur dire, vous assurez que vous obtiendrez dans le lieu et par le système que vous indiquez, 15 millions de litres d'eau par jour, qui ne vous coûteront, à vous, d'après les évaluations du devis que 130,000 francs par an, et vous demandez 120,000 à la Ville pour lui fournir 4 millions! vous n'espérez donc rien retirer des 11 autres millions de litres de cette eau (qui doit être si pure et si bonne), puisque vous voulez faire payer à la Ville vos dépenses tout entières.

Choisissez : ou vous ne croyez pas vous-mêmes à la bonté de l'eau que fournira le système mal étudié de M. Dumont, — ou vous ne croyez pas à l'exactitude de ses chiffres, et vous êtes convaincus, comme nous, que celui de 130,000 fr. doit être au moins doublé.

Lyon. — Imprimerie de DUMOULIN, RONET et SIBUET,
quai St-Antoine , 33.